DIVISION

Trick # 1

Division By 2 : ...../2 ?

X	1	2	3	4	5	6	7	8	9
X*2	2	4	6	8	10	12	14	16	18

1536/2 =

1536 = 1400 + 120 + 16

1536/2 = (1400/2) + (120/2) + (16/2)

   = 700 + 60 + 8

   = 768

Your turn : 1946 / 2 = ?

X	1	2	3	4	5	6	7	8	9
X*2	2	4	6	8	10	12	14	16	18

............/2 =

..........= .... + ... + ...

.... /2 = (......./2) + (......./2) + (......./2)

   = ... + ... + ...

   =.......

1766 / 2= ? , 1056/2= ?

Trick # 2

Division By **5** : ...../5 ?

<u>trick :</u>

Step 1 : / 10

Step 2 : * 2

1335 / 5 = ?

Step 1 :   1335 / 10 = 133.5

Step 2 :   133.5 * 2 = 267

Your turn :   3540 / **5** = ?

3540 / 5 = ?

Step 1 :   ..... / 10 = ...

Step 2 :   .... * 2 = ...

Practice !

$3725 / 5 = ?$, $2015 / 5 = ?$

Trick # 3

Division By 25 : ...../25 ?

<u>trick :</u>

Step 1 : / 100

Step 2 : * 4

1304 / 25 = ?

Step 1 :   1304 / 100 = 13.04

Step 2 :   13.04 * 4 = 52.16

Your turn : 3512 / 25 = ?

3512 / 25 = ?

Step 1 :   ...... / 100 = ...

Step 2 :   .... * 4 = ...

Practice !

3725 / 25 = ? , 2015 / 25 = ?

EXPONENT

Trick # 4

Numbers ending by 5 squared: $(a5)^2 = ?$

<u>trick :</u>

Step 1 : $a*(a+1) = b$

Step 2 : result is b25

$(45)^2 = ?$

Step 1 : $4*(4+1) = 20$

Step 2 :   2025

Your turn : $(35)^2 = ?$

$(35)^2 = ?$

Step 1 :   ..... *(.....+.....) = ...

Step 2 :   ....

— Practice ! —

Trick# 5

10 to 19 numbers squared: $(1a)^2 = ??$

<u>trick :</u>

Step 1 : $1a+a=b$

Step 2 : $b*10=c$

Step 3 : result is $c + a^2$

$(13)^2 = ?$

Step 1 : $13 + 3 = 16$

Step 2 : $16 * 10 = 160$

Step 3 : $160 + 3^2 = 169$

Your turn : $(16)^2 = ?$

$(16)^2 = ?$

Step 1 :   ...... + ... = ...

Step 2 :   ...... * 10 = ...

Step 3 :   ....+..... = 169

Practice !

$17^2 = ?$, $18^2 = ?$

Trick # 5

40 to 49 numbers squared: a^2

<u>trick :</u>

Step 1 : 50 - a = b

Step 2 : 25 - b = c

Step 3 : b^2

Result = cb^2 (if b^2 is a digit add 0 before)

$(47)^2$ = ?

Step 1 :   50 - 47 = 3

Step 2 :   25 - 3 = 22

Step 3 : 3^2 = 09

    Result   2209

Your turn : $(46)^2$ = ?

$(46)^2$ = ?

Step 1 :   ...... - ...... = ...

Step 2 :   ...... - ...... = ...

Step 3 :   .....^{2} = ...

Result ....

Practice !

$$45^2 = ? , 49^2 = ?$$

Trick # 6

10 to 99 numbers squared: a^2

<u>trick :</u>

$(X + Y)^2 = X^2 + 2*(X+Y) + Y^2$

$(27)^2 = ?$

$27^2 = (20+7)^2$

$= 20^2 + 2*20*7 + 7^2$

$= 400 + 280 + 49$

$= 729$

Your turn : $(38)^2 = ?$

$38^2 = (....+....)^2$

$= ......^2 + 2*.....*...... + ...^2$

$= .... + ... + ...$

$= ......$

$64^2 = ?$, $83^2 = ?$

PERCENTAGE

Trick # 7

15%

15 % *a = ?

trick :

Step 1 : a / 10 = b

Step 2 : b / 2 = c

Step 3 : result is b+c

15 % 200 = ?

200 / 10 = 20

20 / 2 = 10

Result = 20+10 =30

Your turn :   15%400 = ?

15 % 400 = ?

....../ 10 = ...

....../ 2 = ...

Result = ... + ... = ...

Trick # 8

5%

5 % *a = ?

<u>trick</u>

Step 1 : a / 10 = b

Step 2 : b / 2 = c

Step 3 : result is c

5 % 200 = ?

200 / 10 = 20

20 / 2 = 10

Result = 10

Your turn : 5%80 = ?

5 % 80 = ?

..... / ...... = ...

..... / .... = ...

Result = ...

Practice !

$5\% * 240 = ?$, $5\% * 80 = ?$

Trick # 9

20%

20 % *a = ?

<u>trick</u>

Result is a / 5

Your turn :   20 % * 10 = ?

20 % 10 = ?

….. / …… = …..

Result = …….

Practice !

20 %* 240= ?   20 % * 20 = ?

MULTIPLICATION

Trick # 10

97 * 96 = 9312

(100-97)   (100-96)   (100-7)

3 + 4 = 7

*

Practice !

Trick # 11

9 * 1 = 09
9 * 2 = 18
9 * 3 = 27
9 * 4 = 36
9 * 5 = 45
9 * 6 = 54
9 * 7 = 63
9 * 8 = 72
9 * 9 = 81

Trick # 12

MEMORIZING Pi   3.141592

To remember the first seven digits of Pi, count the letters each word of this sentence:

" Can I bring a simple calculate Pi "

www.ingramcontent.com/pod-product-compliance
Lightning Source LLC
Chambersburg PA
CBHW050308220526
45465CB00002B/876